U0056026

JUJU C. 著

目錄

PART 4

PART 5

PART 6

家庭人員介紹

雖然JUJU是獨生女，但我和老公Luca都來自大家族，JU媽有5個兄弟姊妹，Luca媽媽則是5個兄弟姊妹中的老么，因此隆隆的親戚雙手雙腳應該都數不完。
我們這個大家庭每天都在上演著許多有趣的故事～

Luca 爺爺
Luca 奶奶
Luca 媽媽
Luca 爸爸
老公 Luca
弟弟 Simone
隆隆
很少出場
但不能遺忘的 Nina

PART 1

我讀的高中是國際學校，所以升學時同學大多以歐美大學為主，在倫敦讀了一年基礎的美術課程後，我轉到愛丁堡藝術學院完成動畫系學位，也在這段期間開始了LINE Webtoon上的漫畫連載，同時兼顧大學功課和漫畫工作，是個不平凡的「半工半讀」經驗。

隨後我再度搬到倫敦，打算銜接動畫碩士，但因為當時在路上突然被一輛下坡的腳踏車撞到，鎖骨骨折導致被迫休養；不過這段期間也讓我慢下腳步思考，開始憧憬不同的人生體驗；於是，等到身體狀況允許後，我安排了農場上的換宿，也開始在倫敦的一間日式餐廳打工。這間店的規模很大，內外場員工人數加總有三、四十人，我的現任老公Luca當時就在這間餐廳擔任廚師。

人生真是充滿未知，每個大小決定都可能讓往後的路轉個大彎。如果我沒有改變升學的心意、如果我選擇了另一份打工、如果……許多個「如果」可以無限設想，但總之，今天我大概還不會是個育有一個小小孩的人妻！

搭訕

早晚班之間有三小時的休息時間，
我經常趁這時候做一些漫畫的工作
嗨，妳在做什麼啊？
其實我是個漫畫家，會
在社群網站上連載漫畫
好酷喔！
我可以看嗎？

好啊，我的帳號
是juju……
然後這天晚上我在家裡看書時
手機突然響了
DING!

嗨 JUJU，明天
下班後有空嗎？
這時我才意識到自己
是被搭訕了！

東販出版 NOT FOR SALE 希望你喜歡這個世界✦

東販出版 NOT FOR SALE

希望你喜歡這個世界✦

STATION
NOAH

東販出版 NOT FOR SALE 希望你喜歡這個世界✦

散步

註解：Bella為義大利語「美女」的意思。

註解：Brighton為英國人的渡假勝地。

海邊約會

初次約會這一天，Luca租了一台車到我家樓下接我
到了Brighton後的第一站是海邊的戶外酒吧，氣氛很好
謝謝。
不過我們一致認同這間酒吧的花枝圈是我們吃過最難吃的
竟然……吃不到花枝，只有麵皮！
散步了一會兒後，他又帶我來到一間海鮮餐廳
雖然不太喜歡海鮮，但我很開心，因為我可以從安排的行程中感受到他的喜好和用心

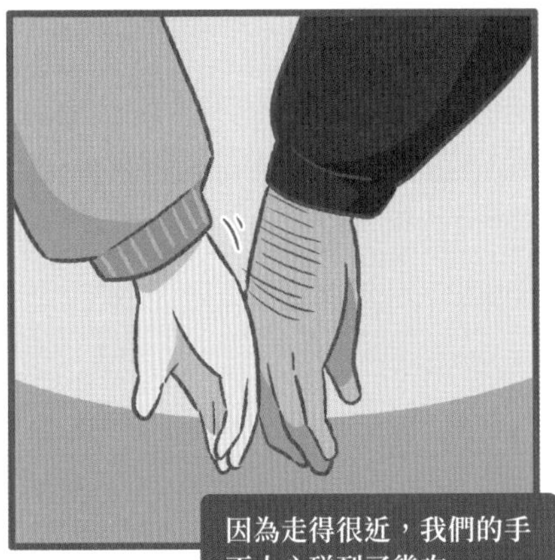

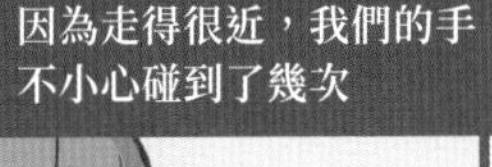

那個……我們可以
牽手嗎？

於是他牽起我的手，我們
繼續沿著海岸線散步

接下來，我們到碼頭上的
遊樂場玩了各種遊戲

並且用義式冰淇淋結束了
這天的約會行程

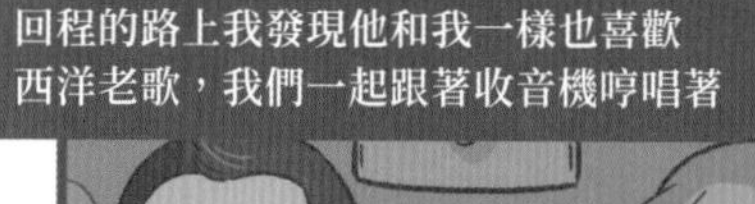
回程的路上我發現他和我一樣也喜歡
西洋老歌，我們一起跟著收音機哼唱著

I wonder how, I wonder why,
Yesterday you told me 'bout…
And all that I can see
is just a yellow lemon tree…

他很紳士地送我
到我家大樓門口
謝謝你，我玩得
很開心。

我也玩得
很開心。
那個……我可以
吻妳嗎？

欸？恩……
恩！可以！

於是，我們就這樣在一起了

結婚後聊到這天的事才發現，
我們對先接吻還是先牽手意見不太一樣
也許是東西方文化差異嗎？

扒飯

和Luca交往後我們偶爾會去住家附近的中餐廳
對了！對義大利人來說把碗拿起來吃飯看起來很沒禮貌吧？
剩一點飯很難夾起來，直接扒飯好了……
原來亞洲人真的會這樣吃飯！
!!!
太酷了，我只有在動漫裡看過！

動漫裡的亞洲人

DRAGON
BALL Z
ドラゴンボールゼット
後來才知道義大利小朋友
也非常熱愛日本動漫

我們是義大利人

這天我趁著午休時間看書
倒滿
哇，這是中文嗎？看起來超酷，妳可以教我說點什麼嗎？
倒滿
好啊，你想學什麼呢？
我想學實用的！
欸……那我教你說……
我是義大利人！
哇！很標準喔！
這天稍後
BIKE
嘿，JUJU ！
我是義大利人！
他還記得耶～

他是義大利人！
還教了其他人啊！

我們是義大利人！
是在宣示什麼⋯⋯？

另類告白

在餐廳工作的好處就是午餐
時段過後會提供員工伙食
今天的員工餐
是我做的喔～
真的嗎！
很好吃耶～
對了，有件事想跟妳說，
不過說起來有點害羞……
什麼事？
你說說看呀。
是想說我漂亮之類的嗎？

跟妳交往的這陣子
讓我覺得……

我很希望妳會是我
未來孩子的媽媽。
噗

雖然當時嚇到了，
但其實心裡很開心～
嘿嘿，當時一衝動忍
不住說了真心話。

這時我們才交往大概一個月吧XD

難為情

當初和Luca交往了
一陣子後
有個私密的東西我覺得
是時候給你看了。

是、是什麼東西？

你真的要看嗎？我是不
隨便給別人看的喔……
呵呵
請給我看！

於是我帶他走進了
我的臥室

這是我的寶寶毯「小毛」，
已經跟了我25年囉～

一臉嫌棄

入境隨俗

大學時住在英國，發現
英國人很愛喝熱紅茶
JUJU，我幫妳
泡了熱奶茶。
謝啦！

BRITISH
TEA
因此家中必備的就是
電熱水壺及茶葉

後來到了義大利，發現義大利人家中
必備摩卡咖啡壺及咖啡粉

9:00AM
妳要喝杯咖啡嗎？
好欸。

12:30PM
咖啡剛煮好，自己
倒別客氣喔。
謝謝！
14:00PM
我剛煮了咖啡，
要幫妳倒一杯嗎？
不了，我今天已經
喝了兩杯。

兩杯算什麼？
我今天一杯水都沒喝，
只喝了咖啡跟可樂喔！
這樣身體沒問題嗎？!

報喜

這是Luca第一次帶我回義大利的老家見他的家人
午餐吃過了嗎？
Nonna我們來了！
註解：Nonna為義大利語「奶奶」的意思。

有點緊張……他們會怎麼反應呢？

Ciao！
已經吃過了！這是我的女朋友JUJU。
妳好妳好！
這次回來除了帶她認識你們，其實最重要的是跟你們報告喜事～

結果以為我們在騙人
哈哈
你們當我們幾歲？才沒那麼容易上當！

花了一番力氣才說服Luca的爺爺奶奶相信我們說的是真話XD
雖然語言不通，但是看得出來他們非常開心

傳承

這天我們坐在客廳看電視時
揉

小孩都快要出生了，妳也差不多該把毯子收起來了吧？

啊？小孩出生為什麼要收起來？
25年的毯子應該積滿灰塵了吧？!

但你不覺得讓兒子傳承我的毯子是件很溫馨的事嗎？
不溫馨！是噁心！

哪有噁心啊？我都有固定清洗好嗎……
妳不收起來小心我把它丟掉。

學中文

怎麼聽起來有點熟悉？

一樓到了——
三個包子，謝謝！
總共一百六。

……原來是在學中文。
碰！
胡！

氣色

打遊戲打得好無聊……

那就來刮鬍子吧！
好突然！

到了這天傍晚
我回來囉～

等不及看老媽被嚇一跳的表情了
顆顆
歡迎回來，JU媽。

喔喔喔!!

你看起來氣色
真好耶！
咦？謝謝……？

她沒看出來嗎?!
??

玩上癮

……

吃！

你學得很快耶～是不是
義大利也有玩麻將？
HA
HA

怎麼可能啦！ Luca是
到台灣才學會的。
Z
Z

才剛送阿公阿嬤走出家門口
下周末也邀請他們來
打麻將好嗎？
哈
哈
看來是愛上麻將了

產檢

懷孕初期的產檢都是在英國做的
JUJU請進。
輪到我們了！

欸？這個……
產檢一直以來都很順利，
但這次超音波師卻面帶憂慮

寶寶的頭圍超出百分比之外，
因此需要給專家評估
NHS
Anomoly Scan:
Abdominal Circumference
Femur Length
Head Circumference
Est. fetal weight 330g

請別擔心，
雖然頭圍超出範圍但沒有
其他需注意的徵象。
雖然沒有診斷出問題，
但我們還是不敢輕忽

到了接近生產的日子，台灣的醫生再次提起頭圍
嬰兒頭圍偏大，這代表……
代表？
選一天催生吧，否則頭太大就很難自然產。
4 APRIL 2020
欸？要選生日嗎？
APRIL
TUE
WED
1
7
8
9
13
15
22
於是我們當場決定了小孩出生的日期

到了催生的這一天
催生藥物已經加入點滴，
如果需要打無痛再叫我！
好，謝謝。
妳要打無痛嗎？
才不要呢，我要
好好體驗生產！
妳可別逞強……
生小孩已經很辛苦了，
幹嘛讓自己那麼痛？
不要小看我
古人（？）沒有無痛分娩，
那我一定也可以。
兩個小時之後
幫我叫護理師，
我要打無痛……
話說得太早

無痛分娩讓陣痛變得很輕微
我們用力十秒喔，
開始倒數
10、9、8……
……4、3、2、1
深呼吸，再來一次！
呃……！
忍住，再撐一下！
快要出來了！
寶寶出生了，
是男生喔。
整個生產過程最痛的是
護理師幫我壓肚子

小寶寶看起來很健康，
產程也很順利
哇~~
哇~~

我們先前的擔憂都在他
出生的這一瞬間消失了

看著隆隆長大才發現，原來
他只是單純的頭大
嘿

PART 2

既然到了異地留學，又和外國人交往，我原本預計會在我們認識的倫敦或是老公的家鄉羅馬體驗家庭生活，不過懷孕後為了坐月子的習俗，我和老公提出回台灣生產、修養，再回到歐洲生活的想法。

歐美國家通常是產婦生完小孩隔天就被送回家，有些時候甚至早上生產下午回家，別說坐月子了，連嬰兒怎麼照顧也必須獨自摸索。在國外住了這麼久，這是少數讓我無法接受的文化衝擊……。

2020年的1月1日我從倫敦希斯洛機場捧著五個月的孕肚和老公一起飛回台灣，不巧的是，這時候新冠疫情正在全球逐漸蔓延……當時我們對於帶領一個小生命來到這個世界上已經充滿緊張，加上這個未知的病毒，我和老公都感到很不知所措。

感謝

回到台灣後，關於新冠肺炎疫情的新聞每日遽增
近日確診人數……
口罩實名制一周可領兩片
18:32 新冠肺炎疫情蔓延至歐洲
在這種時期迎來新生命，讓我充滿了憂慮
但是當我第一次見到了寶寶，我的憂慮被希望取代了
JUJU之男

我想要感謝那些指揮有序
衛生福利部
中央流行疫情指揮中心
陳○○ 指揮官
你的口罩。
好孕
努力維持運作

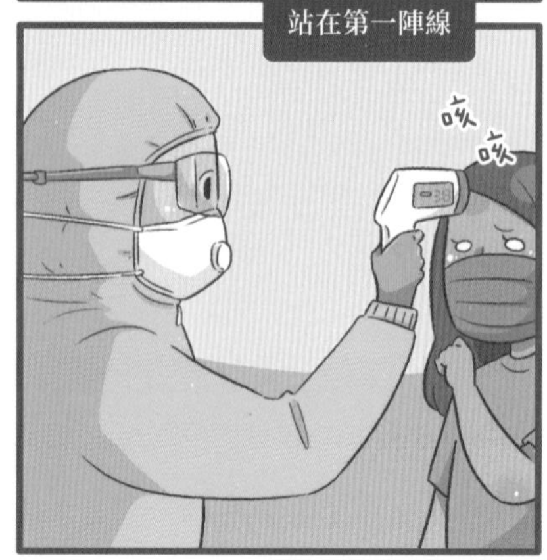
站在第一陣線
咳
咳

以及堅守崗位的人們
有需要再叫我喔！

因為有你們，我們才能安心地
歡迎我們的小寶貝

哄睡覺

JUJU媽咪的小王子
這是我剛出生不久的寶寶——隆隆
嗚——

JUJU媽咪的小王子
嗚哇啊～哇～

隆隆不要哭，
媽媽在～

我發明了一首可以
讓他快速入睡的歌
拍
拍
為什麼呢、為什麼呢，
為什麼隆隆一直不睡覺……
為什麼呢、為……

Z
Z
Z
問題是，這首歌會讓我先睡著

盯

90度的睡姿

我兒子的睡姿也太奇特了！
??!
707
712

地板動作

這天在幫隆隆換尿布時
他突然將身體向右一轉
他繼續努力地扭動著身體

哇，這個樣子是要翻身了吧？
加油—

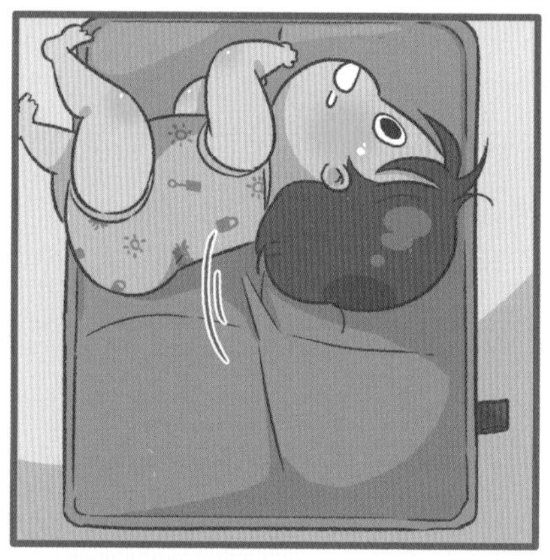

原來只是原地旋轉，不是要翻身啊。
哈哈

種草莓

這天我們出來吃午餐時
……所以這樣那樣。
嘰哩呱啦嘰哩呱啦。
媽，妳手臂上怎麼有草莓痕？
顆
顆

妳想知道這是怎麼來的嗎？

說來聽聽呀～

罪魁禍首就是妳兒子！

娛樂

妳看，他好喜歡
看我跳舞！
……是嗎？

搖不停

成為全職媽媽後，我一心多用的功力提升了
HARUKI MURAKAMI

帶寶寶出門在外時更不用說

不論是在讀書、看電視、畫畫……
來來回回
即便是在吃飯也能一邊搖動嬰兒車

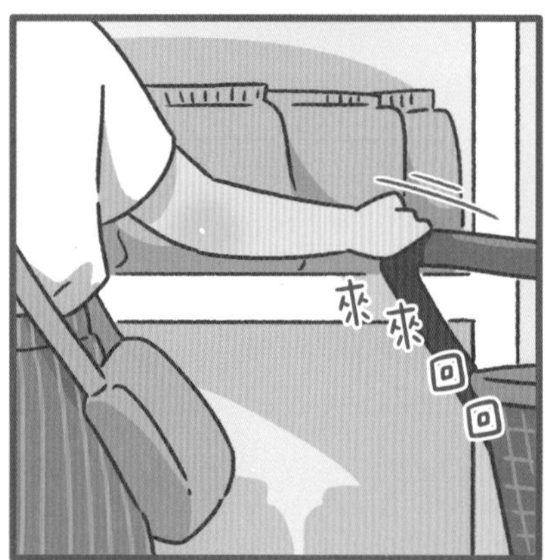

來來回回

那個……
什麼？

妳搖的是購物車耶。

我是誰

我的名字是隆隆
可是阿嬤有時候會把我叫成爸爸
Luca，你看這個搖搖！
爸爸有時候會把我叫成叔叔
Simone，飛高高！

叔叔本人
哈啾

媽媽則是……
小肉丸、阿噗、阿寶、小噗噗、小鳳梨、大頭、小屁屁、地瓜……

我是誰？這裡是哪裡？發生什麼事了？

偷抹

這天飯後，我們一家三口
坐在沙發上休息
BABAABAABA
MAMAMAAMA

我肥嫩的手指反而
被兒子抓去吃了
阿
姆

兒子肥嫩的臉頰讓我
忍不住偷戳一下

唉呀，都是口水耶。

我沒料想到
的是——

妳把口水抹在
我身上嗎？
什麼？沒有啊～
HA
HA
HA

淡定

這天我們帶隆隆來醫院打卡介苗
這樣就好囉！
哇、哇哇——
每個嬰兒都是哭著出來的耶……

隆隆小朋友！

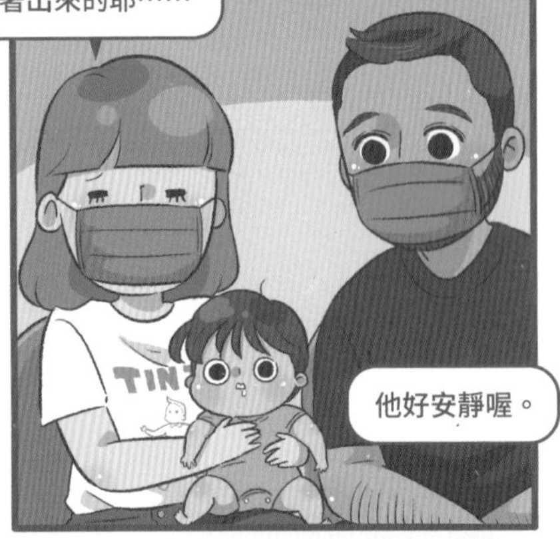
他好安靜喔。

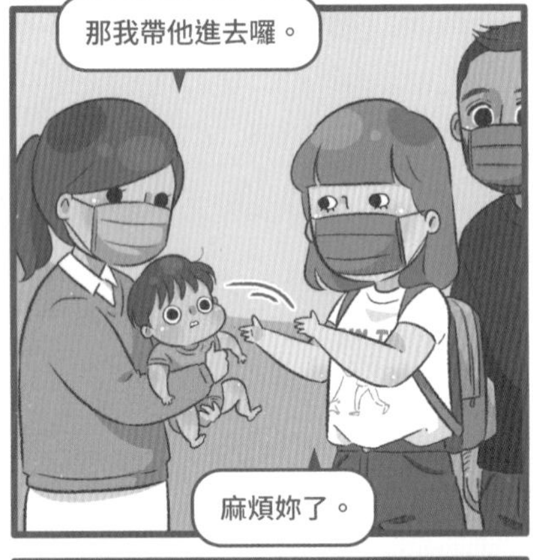
那我帶他進去囉。
麻煩妳了。

那是因為他還不知道等等要幹嘛……

我猜他一定會哭很大聲。
我也覺得。

來，打好了喔。

???
好像被蚊子叮了。

見光睡

這天下午我帶隆隆
出來散散步
松山車站　出口

於是我趕緊把車推進陰影處
寶貝，你還
好嗎？

一路上隆隆都睜大著
眼睛，精神很好

Z
Z

這時一束陽光射進嬰兒車
裡，害得隆隆眼睛一閉
GAH!

名符其實的秒睡？

遙控器

隆隆是一個淡定的小弟

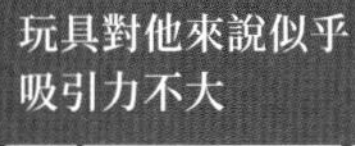
玩具對他來說似乎
吸引力不大

唯有遙控器——

即便藏在抱枕後面

也逃不過他的嬰眼
HE
HE

而且還會讓他的身體無限延長

計畫失策

這天和兒子在客廳玩
隆隆過來～
我突然想試試用遙控器引誘他進圍欄裡
好像成功了……

來，再過來一點。

結果是我自己被關起來了
放我出去啦～
HA
HA
HA

左擁右抱

要不要抱抱？
最近隆隆開始懂得
討抱抱了

這個動作就是表示
「我要抱抱」的意思

把拔抱抱好不好？
即便已經被抱著了

BAH
BAH
也還是抵擋不了
抱抱的誘惑。

MAH
MAH
MAH
又換我了？

因為有選擇障礙所以決定兩邊都要了

吹頭髮

每次洗完頭總是
上演一樣的戲碼
最後她會邊發牢騷邊幫我吹乾
WAH
JU媽一定會說——
妳沒吹頭髮！
這天我趁JU媽不在的時候洗頭
哈
哈
哈
我則是會回一句
不吹頭也沒關係了！
有吹髮根啦！
殊不知還是有人在門外等著檢查

去吹頭髮！

PART 3

因為我的工作算是自由業，沒有馬上回到職場的壓力，但同時也沒有產假這種福利，可說是有好有壞；所以決定和剛出生的隆隆多培養親子時光。

一直到隆隆八個月大我都是以母乳親餵為主，可能因為義大利基因強大，到了後期我發現他天生愛吃、身體結實，我卻因為長期哺乳營養一直流失，身體無法控制地變得越來越瘦；JU媽和老公都看不下去，最後選擇優先顧好身體，讓隆隆開始喝配方奶。大胃王隆隆對於飲食上的變化也很自然地接受，讓我鬆了一口氣！

斷奶後我們開始送隆隆去保母家日托，漫畫連載工作也因此再度開工。起初我花了一些時間適應這種新生活，畢竟已經一陣子沒有這麼認真畫畫了。雖然和從前一樣同為漫畫家，但因為多了母親的身份，生活非常規律；我規定自己下班後就要全心陪小孩，工作和家庭生活區分得明確也讓效率增加了不少。

紅包

新年到了，JU媽
包了紅包給隆隆

這個不能吃，是錢錢！
No no ～

拿好，跟阿嬤說謝謝！

再試一次，拿好囉……
MAHH

Happy New Year！
隆隆一如往常開吃了

「不能吃的東西」

雖然隆隆還不懂，但我都有幫他
把壓歲錢好好存起來喔！

躁動

每晚隆隆開始有睡意
卻又還沒睡著時
GAA

小手會硬塞進
我們的嘴巴裡

他的兩隻小手就會
開始躁動
要開始了……

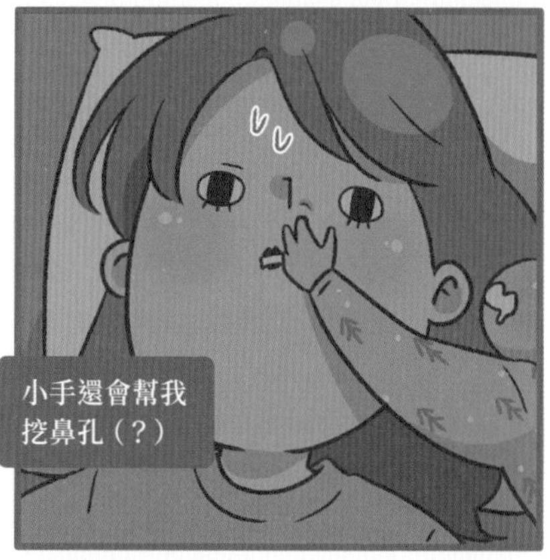
小手還會幫我
挖鼻孔（？）

小手會開始拉扯
我的頭髮

Z
Z
Z
折騰父母一番後他才能
安心入睡。

討抱抱

自從學會站立，隆隆
就會像這樣討抱抱
馬麻抱你出來喔～
好可愛！
把拔把你抱出來喔！
不知不覺，現在的
討抱抱變成這樣了
過了一陣子，討抱抱
的姿勢變成這樣了
看起來真沒誠意。

抓周

這天我們幫隆隆
舉辦抓周儀式
謝謝大家來參加！

阿嬤，快點出動！
聰
明
門
來、來～

聰
明
門
說明
首先要走過聰明門，
聰明伶俐得人疼～

好不容易過了聰明門之後
咬一口雞腿有吃福！

哇——

抱蘋果，健康平安！
欸……把拔拿著就好了。

最後是芹菜，
勤奮向上，勇往直前！

最後好像變成爸爸
的抓周儀式了

打針

這天我們例行帶
隆隆來打疫苗
請馬麻抱好寶寶。
馬上就好囉！

WAHHHH

隆隆叫了一聲
之後就安靜了

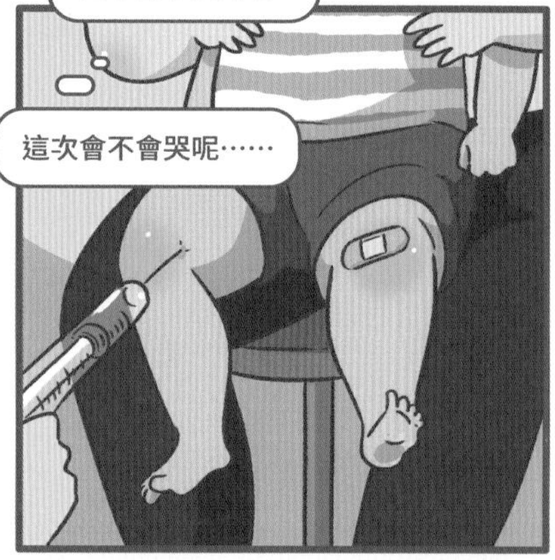
再來是水痘的喔。
這次會不會哭呢……

WAHHHH

隆隆再叫了一聲
之後又安靜了
好了喔，掰掰～

打針室
HE
HE
HE
看來隆隆是個硬漢
回家吧～

神秘

這天我和隆隆在圍欄裡面玩

隆隆你還好嗎？

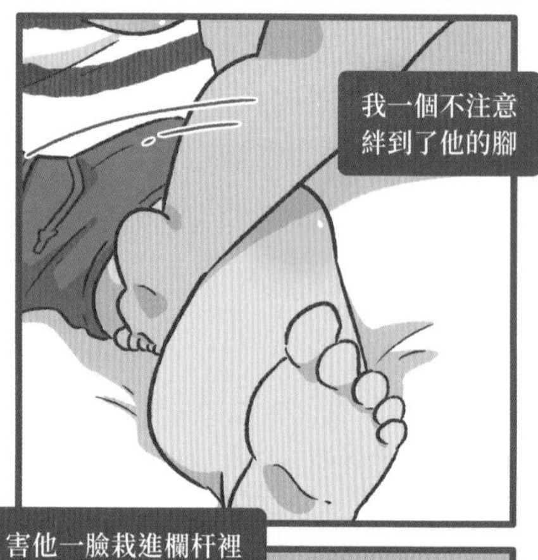
我一個不注意
絆到了他的腳

接著，他轉向了圍欄

害他一臉栽進欄杆裡
碰

慢慢湊近……

後來想想也許隆隆是為了讓我知道
他沒有受傷，所以才重演了一次

又或許只是我的反應讓他
覺得很好玩吧……

OH！

每隔幾天我會帶隆隆
下樓去散散步
口罩戴好喔～

OH！
那是「樹葉」～

小心走，不要
亂摸喔。

OH！
那是「花」～

一到戶外，隆隆就會
開始東指西指
OH！
那是「樹」～

突然，他好像發現了什麼
特別的東西，大聲地——
OH!!

究竟是看見了什麼？!

……那是我的大拇指，
你可以回家再看。
OH ～

手指頭

這是隆隆的手指頭
他會挖阿嬤的耳朵洞
唉呦喂呀……
換尿布的時候，他會偷抓一下小雞雞
偷戳自己的肚臍
他喜歡趁我不注意的時候戳我的鼻孔
等老公下班回家之後——
給把拔抱抱～

隆隆就會給他嘗一口這隻到過
許多地方的手指頭
怎麼苦苦的……

我們什麼都不會說的
HE
HE

打招呼

這天我帶隆隆和家人
一起來喝咖啡

我帶隆隆去走走。

隆隆興奮地在咖啡廳
裡走動

好像自己是里長一樣地

對他看見的每個客人揮手致意

哪學的

最近隆隆非常
喜歡開抽屜
OH！
你不放回去的話
我要生氣囉！
但每當我開始責罵他
壞寶寶！

他就會給我一個抱抱
再來一個親親，彷彿在
說「馬麻別生氣」
這招哪學的？
……然後繼續做
他不該做的事
HE
HE
HE

二次元控

這天隆隆注意到了我忘在地上的手機
OH！
他點了一下螢幕後，出現了我們一家三口的照片
20:15
馬麻～
他認出我了耶！
接著他對著照片的我深情地親了下去
給馬麻一個真的親親吧～
不要。
HE
HE

燙頭髮

隆隆是個勇於表達喜好的寶寶
我回來了！
這天JU媽下班後隆隆馬上跑到門口迎接
阿嬤！
阿嬤今天去燙頭髮，好看嗎？
HE
HE
HE

……

不要不要不要。
等等！猛搖頭是什麼意思！

堵住嘴

這天我們在車上為了
小事吵架
冰淇淋上的巧克力
你都沒分我……
那麼小一顆，我就
不小心吃掉了啊。
可是我想吃嘛～
那下次一人一根嘛。

吼～你沒抓到重點！
這是感覺的問題……
噓。

貝果

隆隆最近突然從
發出單音
噠噠噠噠噠……
進化成——
杯狗！
他好像特別喜歡說這個詞
HE
HE
杯狗杯狗杯狗杯狗杯
狗杯狗杯狗杯狗杯狗

於是這天我們經過
麵包店時
BAKERY
我決定買個貝果
給隆隆吃吃看

果然很喜歡吃呢～

運動家精神

這幾天我們家都在
觀看奧運賽事
CHENG J.C
這次是法國隊得分……
YUAN
FRA 0 6
TWN 3 10
由台灣隊再度拿下一分！
FRA 0 5
TWN 3 10
他還是會歡呼
YEAH！
耶！
每當台灣隊比賽得分，隆隆
就會跟著我們一起歡呼

一起參與

我們一家很亢奮地關注
東京奧運賽事
台灣拿下第一面
獎牌！
耶！
興奮地讓我忍不住
跟著踢起來
我也會跆拳道！
哇！
讓我老公忍不住
跟著飛起來
我也會做體操！
哇！

這時隆隆彷彿醞釀
什麼似地
哇！

原來他也興奮地忍
不住跟著倒立了

聞香

來，聞一下
我的頭髮。

於是老公深深
吸了一口
感覺很香啊，
妳剛洗頭嗎？
HE
HE
HE
我三天沒洗
頭惹。

另一天
你要不要聞馬麻
的襪子？
於是隆隆深深
吸了一口

不知道他會有
什麼反應？
顆
顆

結果隆隆看起來似乎
很滿意（？）

PART 4

隆隆是台灣跟義大利的混血兒，因此我跟老公都很希望他可以把這兩國語言及英文學得精通，為了徹底實施，我在隆隆還是小嬰兒時期就經常用英文跟他長篇大論，畢竟生活環境是中文為主，我希望在家裡他可以學會用英文做日常溝通。

實驗證明，我的長舌讓他把英文和中文說得一樣流利，但因為爸爸偏寡言，所以隆隆的義大利文目前稍嫌弱勢；與其多和兒子用母語溝通，老公提出的解決方式竟然是督促我趕快把義大利文學好？雖然因為老公的父母不會說英語，自從我們開始交往後我就有自學一點，但讓我教兒子義大利文，這樣好嗎？

以此段文為證，最好以後不要怪我讓隆隆說了一口怪腔怪調的義大利文XD

反差

隆隆的頭髮留長的
時候非常呆萌
呆

但只要一剪短就會
完全變一個人
狠

平常可愛的舉動
你要推馬麻去哪啊～

突然變得兇神惡煞
都聽你的，
別傷害我。
HA
HA
HA

←食物櫃
原來是餓啦？

原來是餓啦？

天
本來要餅乾的樣子
非常惹人疼

現在比較像——

惡

危險練習

隆隆，我們來練習單字吧～
VROOM
VROOM

馬麻的嘴巴在哪裡？
……

最拔！
好棒！那鼻子呢？

比子！
答對了！耳朵呢？

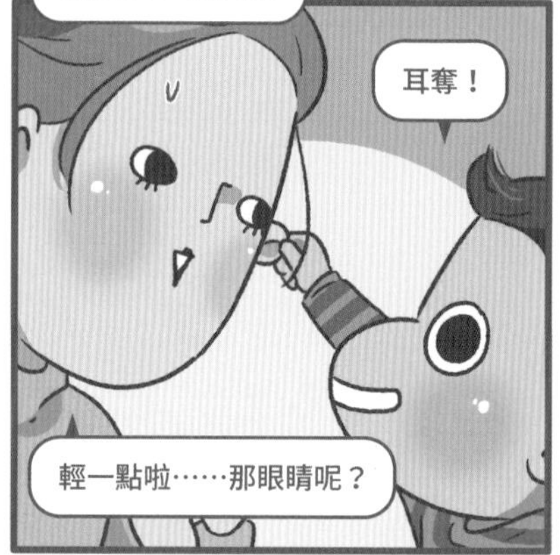

耳奪！
輕一點啦……那眼睛呢？

顏近！
呀啊啊啊啊啊

Baby Buck

這天我帶著隆隆來到河堤散步
隆隆很開心地指著河，說——
Water！

這個水叫做「河」！
河～

河裡面住了烏龜、魚魚、螃蟹……
BABY BUCK！
（SHARK）
那個應該……沒有？

聊天

那你今天有沒有
跟葛格玩啊？
車車～
VROOM
VROOM
葛歌！
有沒有跟葛格玩
車車啊？
HE
HE
聽起來是很棒
的一天呢～

品味

這天我和高中同學
相約出來吃飯
好久不見！
妳幫兒子揹書包嗎？
欸？
要不是妳推著小孩，從背後
看還以為妳是怪人呢。
其實……這是我的，從
生小孩前就在用了。
後來有一次請人
幫我修電腦
這個C槽我想要
這樣弄……

小朋友這個年紀就是
亂穿也可愛，長大就
不能這樣隨便穿了。

↑
無惡意

我不禁開始慎重懷疑
自己的品味了。

藥藥

原來是我們想太多了

隔一天隆隆在
車上哭鬧不停

正當我不知如何
是好時
吃藥藥的時間到了！
12:30

竟然聽到吃藥藥
就不哭了
藥藥！

量體溫

隆隆好像發燒了耶……
他看起來很不舒服。

我去拿一下溫度計。

又開始了……
嗶—
每當隆隆出現
發燒的症狀

老公就會開始瘋狂
幫他量體溫
恩……
38.5

我不信任額溫。
嗶—

而且怎麼量
都不滿意

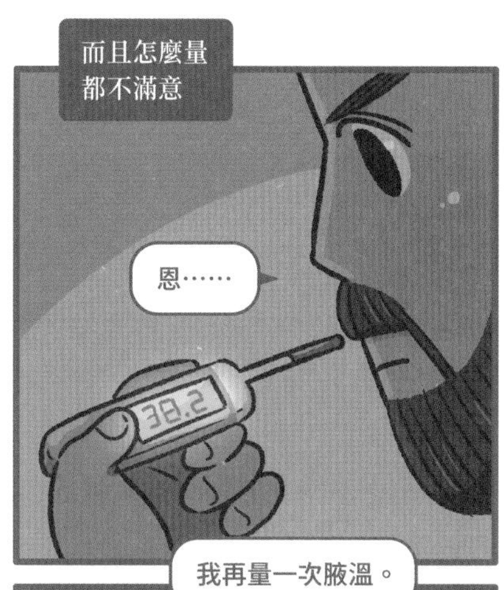

ZIO

第一次回到義大利，隆隆
馬上就和大家打成一片

產生了從未有過的
情有獨鍾
ZIO！
隆隆！

嗨隆隆，我是Zio喔！
註解：Zio為義大利語「叔叔／舅舅／伯伯」的統稱。

ZIO！

ZIO！
特別是對叔叔不知道
為什麼——

ZIO！

就連睡覺的時候

也對叔叔念念不忘
ZIO！

尿布攻擊

老弟，我有東西給你看。
要給我看什麼東西？
你看……
你看寶寶的便便。
ZIO！
自從發現弟弟的反應很有趣之後
呃啊啊啊啊啊啊
HE
HE
HE
我們就開始用尿布襲擊他

有時候甚至是——

直接用嬰兒本人攻擊

ZIO！

呃啊啊啊啊啊

然後這天

大便

這天隆隆大了一泡
臭臭的便便
我幫你換屁屁喔～
我習慣這樣抓他到
廁所去洗屁股
不要亂動喔～
但隆隆最喜歡
在這個時候
奮力將屁股一甩——
靠到我身上
HE
HE
HE
而且是緊緊地黏在我身上

暖座

在台灣坐慣了有暖座功能的免治馬桶
好暖喔～

住在倫敦的時候則是買了馬桶座套

現在到了義大利後，上廁所變成一大酷刑

你先上。
可是我要上大號，會比較久喔。
沒關係，這樣更好。

十五分鐘過後
?
HE
HE
HE

好暖喔～
幸好我找到了新的暖座方式

學中文

到義大利沒多久後，隆隆經常開口說義大利文
TRENO！
（火車）
ACQUA！
（水）
PALLA！
（球）
MELA！
（蘋果）
而他也開始教大家說中文
燙燙！
燙燙？
奶奶幫你換尿布好不好？
不要！
不要？

叔叔的學習能力非常快
抱抱！
BRANDON SANDERSON
抱抱？
手滑
噢嗚！

ZIO，痛痛，哭哭。
哭哭……

很快就說了一口
好（幼兒）中文

回台灣之後隆隆則是開始
對阿嬤講起了義大利文

1237

來，自己上樓梯吧～
樓梯……
因為義大利的家裡有樓梯
一！
二！
隆隆除了用來練習上下樓
三！
還因此變得越來越會算數
好棒！
七！
只是他總是從123直接跳到7

夜深人靜

時差讓我總是在
夜深人靜時依然醒著

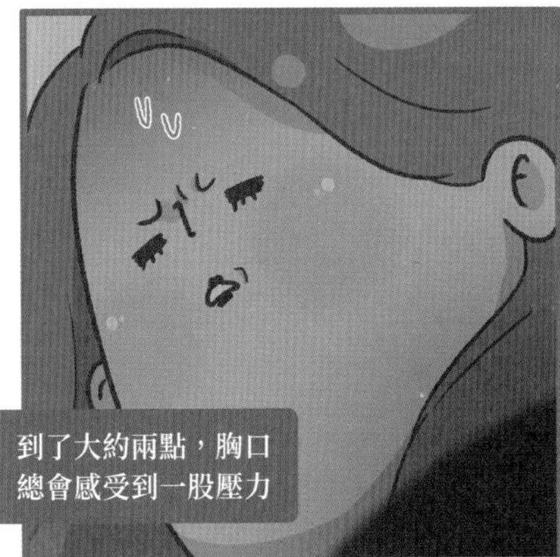
到了大約兩點，胸口
總會感受到一股壓力

睜開眼後就看到一雙
眼睛直直盯著我看

黑影慢慢地
逼近我的臉
NO……

馬麻，玩！
你也有時差嗎？

奶香

咕
嚕
GOODNIGHT
這天我陪著隆隆喝睡前奶

每當他喝完奶，我都
會忍不住聞奶香

借馬麻聞一下下～

這時他突然打了一個大嗝

把晚餐的魚、肉、
菜味都嗝出來了
HE
HE
HE

乾啦

這幾天隆隆因為眼睛
有點發炎所以正在吃藥
吃藥藥囉！

藥藥！

隆隆不喜歡點眼藥水，
但對於口服藥倒是不抗拒
嘴巴張開～

不，與其說不抗拒

他是喜歡到直接乾下去

還要！
你當在喝shot喔……

聽說每個寶寶穿尿布的
平均時間為2～3年

而每一片紙尿布的平均使用
時間則是4～6小時

但也有剛換好就便便，甚至
是換的途中弄髒的狀況

而紙尿布需要花上500年的
時間才能自然生物分解

PART 5

住在愛丁堡時因為居住的區域垃圾回收實施得很徹底，我就養成了環保的習慣。在英國我也做了很多新的嘗試：訂購無包裝的有機蔬果、使用環境友善的化妝和卸妝用品、將衛生棉替換成月亮杯和布衛生棉等。一個人要實施環保很容易，只要有心，要省要忍耐都做得到，但是生了小孩後，環保就變成一家人的事了。

雖然不容易，但是我希望把環保意識實施在育兒生活中，因為生小孩不是一時的事，考量到他長大後的生活環境，為了他未知的未來，我想要盡我所能地維護環境、減少垃圾。

如果你和我有共識的話，可以參考我整理的小小育兒環保方式：

衣服：別為了一時的衝動購買不實用的衣物，寶寶成長速度很快，而且穿什麼都很可愛，所以隆隆有八成衣服都來自親戚，或是我在臉書的二手社團購入的。

玩具：有了孩子後，身邊親友送的禮物多半為玩具，因此我不常幫隆隆買玩具，遇到生日或節慶則是會挑選木製的玩具為主，另外也有玩具出租店可以租借代替購買喔！

用品：兒童汽座或是餐椅類的大型用品，我會挑選品質好的二手品，帶回家消毒、清洗使用，家裡的消毒鍋也是這樣低價得到的喔！

布尿布：隆隆2個月大開始嘗試了布尿布，雖然清洗上比較繁雜，但是布尿布的好處並非只顧及環保，也能讓寶寶的屁屁更加透氣、少接觸塑膠材質的健康選擇。我通常會依照情況需求在紙尿布和布尿布之間做替換，不要給自己太大的壓力也是讓環保持之以恆的好方式。

臉書社團：搜尋「媽媽社團」、「育兒二手徵物」等關鍵字。

玩具出租店：eco媽咪、TOYSUB

APP：Carousell、蝦皮都可以找到很多二手好物，但要切記小心詐騙喔！

放屁

這天晚上當我正要入睡時
噗

誣陷我……明明是你吧？

噗

妳放屁好大聲喔。
HE
HE

原來是你啊！
HE
HE
這嬰兒放屁還真大聲

體操

這天我帶隆隆
來公園玩

然後開始不斷往
胸口開開合合

突然，他似乎
注意到了什麼

於是我轉頭看向他看著
的方向，才發現——

接著他將雙手
舉得高高的
你在做什麼啊？

原來隆隆是在模仿
阿伯做伸展體操

多愁善感

這天我們一家三口正在看寶可夢的電影
故事發展意料之外地催淚
PIKA
CHUUUU
欸，妳看隆隆是不是哭了？

我靠近一看，果然隆隆臉頰正滴下淚水
原來你和馬麻一樣多愁善感！
這時我才發現原來他是看電視看到流口水

老公的稱讚

JUJU 我發現……
妳的鬍子長出來了耶，長得好像中國武打片的師傅。
說完沒禮貌的話後，老公開始幫我拔鬍子
好了，妳看看……
光滑得跟青蛙一樣呢。

忍痛

隆隆是個忍痛能力極高的寶寶
每次不小心跟他頭撞頭都是我受苦
HE
HE
HE
他的頭跟石頭一樣硬……
另外有一次，當我在幫他扣扣子的時候
不小心用力地夾到了他的肉
結果他竟然忍過了
恩……

再後來，有一次隆隆被看起
來有點髒的玩具刮傷手
痛痛。
因為手邊只有酒精
消毒會痛，要忍一下喔。
噗!!

硬漢

這天我正在家中
心不在焉地走路時
VROOM
VROOM
沒注意到隆隆
就在我前面
於是我用力地踢到
了他的小腿
隆隆完全沒反應
為什麼只有我痛！
VROOM
VROOM

另一天

馬麻，痛痛。

親一下就不痛囉～

看來我們家這個硬漢同時
是個愛撒嬌的寶寶
HE
HE
HE

猜字謎

這天我在和隆隆玩遊戲
救護車要帶刺蝟去醫院。
NEE
NAW
醫院～
隆隆突然說了一句話
耶金一絲！
你可以再說一次嗎？
耶金一絲！
因為我還是聽不懂，所以決定搬救兵
你來聽一下……
耶金一絲！

耶金一絲！
這時我突然靈機一動
耶金一絲！
這樣吧，你比給我們看！
HA
HA
眼睛醫生！對不對？
刺蝟眼睛痛痛是不是！
眼睛醫森！

佔有慾

老公常常做一件
很幼稚的事
隆隆，你看……

HE
HE
HE
媽媽，我的！
哈哈，我真夯～

你看媽媽是我的喔！

然後我決定來
測試看看
隆隆，你看……

你看把拔是我的喔！

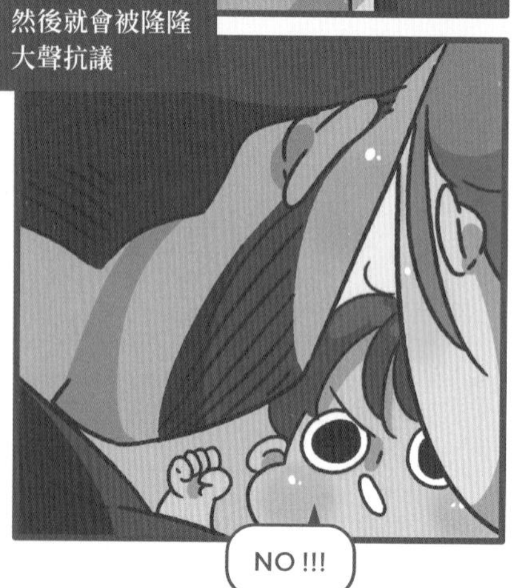
然後就會被隆隆
大聲抗議
NO !!!

好。
結果他欣然接受了

威脅

這天我注意到隆隆正專注地看著一個廣告
是痔瘡藥的廣告

阿姨，痛痛……

後來，有一天吃飯的時候

不要菜菜！
不可以這樣！

我突然靈光乍現
你知道不吃菜菜會怎麼樣嗎？
不要菜菜！

你記得廣告的阿姨嗎？
你的屁股會跟她一樣痛喔！

阿姨，痛痛！

竟然成功讓隆隆
主動吃完青菜
HE
HE
HE

哼

這天早上隆隆為了想
玩車子在鬧脾氣
不要！
不可以為了玩
就不吃飯！
他不情願地看著
湯匙裡的蘋果
……

接著高高舉起雙手

然後浮誇地雙手交叉，
說了一聲——
哼！

我瞬間被打敗了

嬰兒床

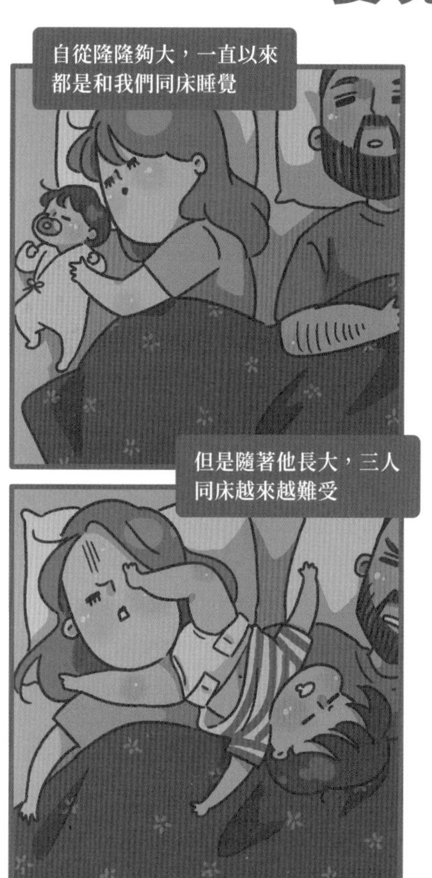
自從隆隆夠大，一直以來
都是和我們同床睡覺
但是隨著他長大，三人
同床越來越難受

不過
HE
HE
HE
馬麻～

目前為止不是很成功
好啦，快睡覺。

真寬敞～
於是我們買了一張兒童床，
讓隆隆練習一個人睡覺

兒童床用來放手腳
倒是滿舒服的

麵麵

這天阿嬤正在跟隆隆解釋
做夢就是你睡覺的時候會看到的圖像～
你想夢到什麼呢？
做夢……
麵麵！

另一天我跟朋友在聊天
隆隆喜歡什麼動物啊？
我問問他。

叔叔問你喜歡什麼動物～
動物……

麵麵！
又是另一天，
隆隆突然說
有主意！
你有什麼主意，
說來聽～
麵麵！

剪髮

結果竟然就這樣
淡定接受了

怕

腳腳～
手手～
這天我們已經上床
將近一個小時

不要講話了！
睡覺！
被把拔罵後隆隆
安靜了下來

接著心情完全沒受
影響，開始高歌
Happy birthday
to you ~
Happy birthday to mama ~

Happy birthday
to mama ~
（並不是我的生日）

噓！把拔會
生氣！
結果老公生氣反而
對我比較受用

稱讚

你喜歡馬麻新買的洋裝嗎？
VROOM

喜歡什麼？蘋果嗎？

結果隆隆竟然看也不看就說
No～

洋裝～

過了一陣子後
馬麻，我喜歡。

是暖男!!

PART 6

你們也許會覺得隆隆是個很好帶的天使寶寶，在我眼裡他也的確是個乖巧的小孩，不過我大多數畫的只是開心的事情，並不是因為他沒有讓我生氣或心累的時刻，而是因為我更喜歡將那些在照顧小孩的過程中讓我會心一笑的瑣事記錄下來，用漫畫的形式分享給大家。

隆隆難帶之處在於他非常不喜歡睡覺，自從在月子中心我就發現他不好哄睡，我和老公有陣子經常半夜兩三點開車帶隆隆出去兜風，就為了讓他睡著，睡著後還得小心翼翼帶上樓，深怕驚醒他就得重新來過；還有還有，隆隆一歲多的時候，有長達半年以上，在睡覺時有抓著大人耳朵的習慣，不是輕輕撫摸而是用他小小的指甲死命摳耳垂，我甚至曾被他抓到耳朵流血過。

現在回想起來，帶小孩的過程歡樂遠勝於這些小小的挫折。我從來不曾後悔過在26歲當個年輕媽媽，只感嘆小孩長大的速度真是太快了，從那個初次被抱到我身上、看起來無比脆弱的小嬰兒，一眨眼間就變成了現在到處跑跳、說話說不停的小男生了。

老公的比喻

剛認識老公的時候，
他總是這麼稱呼我
HE
HE
Bella.
註解：Bella為義大利語「美女」的意思。

約會初期，他也是
經常這麼叫我
HE
HE
Bella.

但不知道從
何時開始
妳今天皮膚好光滑，
好像青蛙喔。

我越來越聽不出來
妳今天身上聞起來像
喝醉的羅馬尼亞人。
他對我的形容究竟
是褒是貶
今天聞起來有松露
的味道。

很滿意這次的髮型，
老公總會稱讚了吧。

喔喔！很有韓國男子
偶像團體的感覺。

頭髮稍微留長後

這樣綁有青春可愛
的感覺吧？

今天是日本
武士風！
不該抱有任何
期望的……

誤會

這天我們在等友人
來家裡

Hi～
請進～

喔，你到了嗎？
我朋友到了，我
先去開門喔。
好，那我去
一下廁所。

（隆隆）他在睡覺嗎？
恩，（老公）他剛剛睡著
了，現在在上廁所。

（隆隆）他會自己
上廁所嗎？

對……他會？

又香又臭

隆隆一直到8個月
大都是母乳寶寶
因此他身上總是
散發出一股奶香
讓我總是無法自拔地
聞他身上的味道
隆隆現在是個愛吃又
愛動的2歲小孩了
因此他身上常常充滿汗臭，
有時候嘴巴還有大蒜味
但我還是很喜歡聞他
身上的（臭）味道

好舒服

其實JU媽有個不為人知的嗜好
趁現在有空閒時間……
那就是她收集了各種按摩器材
阿嬤？
哎呀，被你發現了！

你們兩個在幹嘛？難得這麼安靜。

這樣舒服嗎？
HE
HE
這是在幹嘛？

自從那天之後
馬麻～

要好舒服。
隆隆就會拿著那根過來找我幫他按摩

遛鳥俠

上周末我邀請了一位新
認識的媽媽朋友來家裡
歡迎歡迎～

沒想到我們還能有空閒
坐下來喝茶呢～
AHHHH
AHHHH

起初兩個小朋友有點
害羞，各玩各的

你們在玩路障遊戲嗎？
HE
HE
HE
HE
HE

但是一起吃了點心後，
他們慢慢開始熟悉彼此
跟阿姨說謝謝～

原來是妨礙風化的路障
?

選鞋子

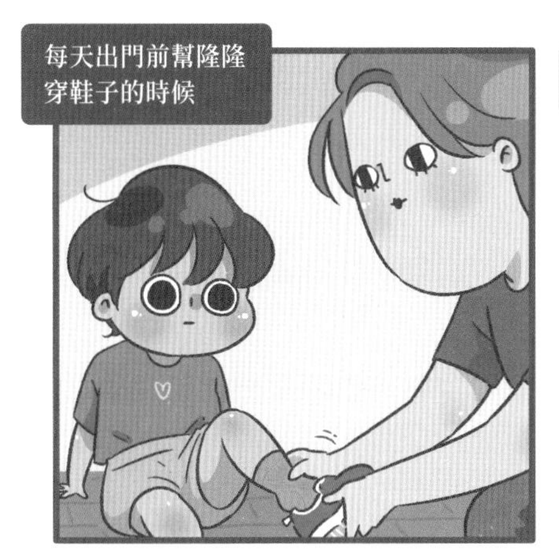

每天出門前幫隆隆穿鞋子的時候

嘿，等等！
馬麻也要穿鞋啊。

馬麻～

他也會幫我挑選鞋子
謝謝～

不過有時候
也會選到很不合時宜的
但我們要去游泳耶。

媽媽感冒

這幾天隆隆感冒了

顧好自己才有
精神照顧小孩
哈——

可憐的寶貝，
鼻涕擤出來～

哈啾！！！

哈——
擦完鼻水要記得洗手，
這幾天也別共食

爸爸感冒

這幾天隆隆感冒了

你不要吃啦！
你被隆隆傳染怎麼辦？

吃飽了～

不會啦！
我才沒那麼弱。

剩一點，別浪費了～

兩天後
HE
HE
HE

幼稚

進入第三孕期後
的某天晚上

妳下個月就要生了，如果再不把毯
子收起來，我真的拿去丟掉囉～

吼，知道了啦！
讓我摸到小孩出生
總可以了吧？

兩年之後

不要拉啦，這是
馬麻的毯子。

又感冒了

咳
咳
這兩天隆隆
又感冒了

太好了，他
有聽進去。

這次我要確保
自己不被傳染

哎呀，隆隆變成
狗狗了！
汪
汪
後來，我們在玩遊戲時
我才看清事實

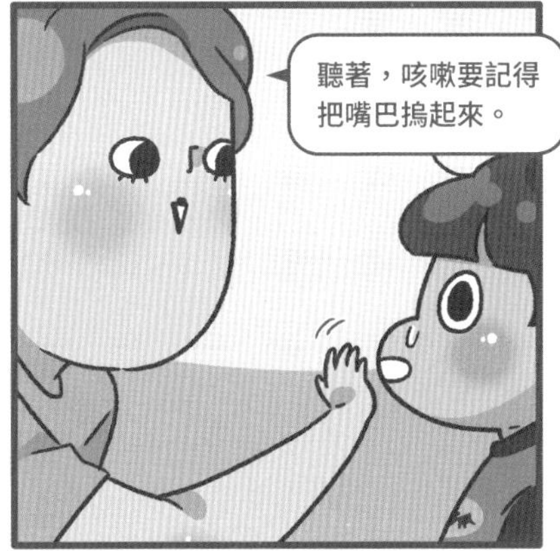
聽著，咳嗽要記得
把嘴巴摀起來。

我能不被傳染才怪

表達能力

我很注重隆隆做錯事時要好好道歉
隆隆道歉！
對不起……

隆隆突然看似沒有理由地大聲道歉
對不起！
怎麼了，你幹嘛道歉？

這天我們剛洗完澡時

馬麻

毛巾

啪！

原來是要我道歉
唉呀，對不起！

鴕鳥心態

不要菜菜。
最近隆隆又進入了
厭菜期
不吃菜菜會屁
股痛痛喔。
不要！
這樣吧
我們把菜菜蓋起來。
你看，看不到了吧～
他竟然就這樣
接受了

不過這個方式過了
一陣子就不奏效了

他竟然又接受了

上進心

你知道嗎？你的馬麻是台灣人，
而把拔是義大利人……

ITALY
WOW
TAIWAN
所以你來自兩個國家喔！
隆隆除了英文，也要把中文
跟義大利文都學好喔～

這天睡前，隆隆
突然冒出一句
「車子」……
義大利文？
你是問「車子」怎麼說嗎？
是「macchina」喔。
Macchina
「床」？
是「letto」喔。
Letto

「枕頭」？
Cuscino.
Cuscino
隆隆似乎理解了語言的概念，
非常認真學習

「隆隆」？
隆隆的義大利文名字
就是 Noah ～

一直懷孕

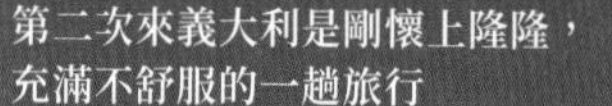

©WEBTOON Entertainment Inc.

欸，JUJU我發現——
CROO
TONG

HA
HA
HA
幾乎每次看到妳，
妳都是孕婦耶。

好像是真的耶，嘿嘿。

跟大家正式介紹我們家未來的
新成員——妹妹嘻嘻。

國家圖書館出版品預行編目（CIP）資料

希望你喜歡這個世界：JUJU的育兒日常/JUJU C.作. -- 初版. --
臺北市：臺灣東販股份有限公司, 2023.11
160面；14.7×21公分
ISBN 978-626-379-041-4（平裝）

1.CST: 育兒 2.CST: 通俗作品

428　　　　112015203

希望你喜歡這個世界
JUJU的育兒日常

2023年11月01日初版第一刷發行

著　　者　JUJU C.
編　　輯　鄧琪潔
美術設計　黃瀞瑢
發 行 人　若森稔雄
發 行 所　台灣東販股份有限公司
＜地址＞台北市南京東路4段130號2F-1
＜電話＞（02）2577-8878
＜傳真＞（02）2577-8896
＜網址＞http://www.tohan.com.tw
郵撥帳號　1405049-4
法律顧問　蕭雄淋律師
總 經 銷　聯合發行股份有限公司
＜電話＞（02）2917-8022

著作權所有，禁止翻印轉載，侵害必究。
購買本書者，如遇缺頁或裝訂錯誤，
請寄回更換（海外地區除外）。
Printed in Taiwan